塔里木河流域
未来洪旱分布预估图集

冯瑶　王宁　王红　著

气象出版社
China Meteorological Press

图书在版编目（CIP）数据

　　塔里木河流域未来洪旱分布预估图集 / 冯瑶，王宁，
王红著. -- 北京 ： 气象出版社，2024. 10. -- ISBN
978-7-5029-8325-3

　　Ⅰ. P426.616-64

　　中国国家版本馆 CIP 数据核字第 2024ME4741 号

塔里木河流域未来洪旱分布预估图集
Talimu He Liuyu Weilai Honghan Fenbu Yugu Tuji

出版发行：气象出版社	
地　　址：北京市海淀区中关村南大街 46 号	**邮政编码：**100081
电　　话：010-68407112（总编室）　010-68408042（发行部）	
网　　址：http://www.qxcbs.com	**E-mail：**qxcbs@cma.gov.cn
责任编辑：简学东	**终　审：**张　斌
责任校对：张硕杰	**责任技编：**赵相宁
封面设计：楠竹文化	
印　　刷：北京建宏印刷有限公司	
开　　本：787 mm×1092 mm　1/16	**印　张：**5
字　　数：130 千字	
版　　次：2024 年 10 月第 1 版	**印　次：**2024 年 10 月第 1 次印刷
定　　价：60.00 元	

　　塔里木河流域地处欧亚大陆腹地，是古丝绸之路的要冲，与中亚地区多个国家接壤，是我国面向中亚、西亚开放的"桥头堡"，也是国家新时期"丝绸之路经济带"建设的核心地区。流域面积约 102 万 km^2，是我国最大的内陆河流域。由于深居内陆，远离海洋，加之高山阻挡，流域降水非常稀少（山地区域的年降水量为 200～500 mm，山前平原为 50～150 mm，沙漠区的年降水量一般低于 30 mm），是典型的干旱半干旱地区，具有自然资源相对丰富与生态环境极为脆弱的双重特点。随着气候变化与人类活动的加剧，塔里木河流域干旱化趋势进一步加剧，旱灾频次明显增加，降水少而蒸发量大，导致干旱成为威胁流域农业最普遍、最主要的一种自然灾害。2009 年，流域遭遇了 60 年一遇的特大干旱，主干河流入水量大幅减少，断流河段长达 1100 km。频繁发生的严重旱灾波及的范围不仅威胁工农业生产，对生态也造成了直接影响。除干旱灾害外，塔里木河流域的洪涝灾害同样严峻。流域径流量主要来源于河川基流、冰川融水和雨雪混合三部分（分别占径流量的 23%、40% 和 37%），高山区 5—9 月为冰川高山积雪融水期，融雪融冰洪水一般发生在夏季，这类洪水历时较长。冰川径流年内分配不均匀，6—9 月来水量占全年径流量的 70%～80%，大多为洪水，且洪峰高、起涨快、洪灾重。近年来，塔里木河流域不同程度地开展了防洪工程建设，流域防洪能力得到了较大提升，但防洪体系依然不健全。2022 年 5 月以来，受高温、融雪及降雨影响，塔里木河干支流有 25 条河流发生超警洪水，其中 7 条河流超保证流量，干流发生历时 80 天洪水过程。流域洪水呈现发生早、历时长、洪水总量大、洪峰量值高的特点，灾害风险形势依然严峻。近年来，塔里木河流域洪旱灾害呈加重趋势，且洪水事件的频次和影响均比干旱事件更明显，预估全球变暖背景下塔里木河流域洪旱演变，是塔里木河流域经济社会发展面临的最严重、最紧迫的问题之一。

本图集展示了未来不同气候变化情景下（SSP126、SSP370 和 SSP585）2030s—2090s 塔里木河流域干旱和洪水的时空演变规律。其中，干旱通过标准化降水蒸散指数（Standardized Precipitation Evapotranspiration Index, SPEI）和标准化降水指数（Standardized Precipitation Index, SPI）（无量纲）表征，由 ISIMIP3b（The Inter-Sectoral Impact Model Intercomparison Project）中五个全球气候模式输出的逐日气象数据计算所得；洪水由 ISIMIP3b 气候模式数据驱动考虑了冰川物质平衡过程的水文水动力模型（VIC+CaMa-Flood）模拟所得的洪水淹没面积表征。根据计算和模拟结果，利用 ArcGIS 软件绘制未来不同气候变化情景下我国塔里木河流域洪旱分布图集。本图集对认识未来全球变暖背景下我国西北干旱区塔里木河流域的洪旱演进特征和规律尤为重要，有助于相关部门根据洪旱演进特征和规律来确定水资源的利用方向，促使灾害洪水向资源洪水转变，对塔河流域防灾减灾、"三生"（生产、生活、生态）用水规划、生态环境建设及经济社会可持续发展具有重要的现实意义。

本图集的出版得到了第三次新疆综合科学考察项目"塔里木河流域产／需水要素变化与水安全格局调查"（2022xjkk0100）的支持。

著 者

2024 年 8 月

1. 资料

（1）干旱指数计算资料

从 ISIMIP3b（The Inter-Sectoral Impact Model Intercomparison Project）收集经过偏差纠正后的五个全球气候模式数据（GFDL-ESM4, IPSL-CM6A-LR, MPI-ESM1-2-HR, MRI-ESM2-0 和 UKESM1-0-LL），包括未来三种气候变化情景（SSP126, SSP370 和 SSP585）下逐日最高、最低和平均气温、降水量、相对湿度、风速，以及长、短波辐射等数据。根据彭曼（Penman-Monteith）公式计算逐日潜在蒸散量（Potential Evapotranspiration, PET）。利用逐月降水量和潜在蒸散量，分别计算 2030s—2090s 我国塔里木河流域标准化降水蒸散指数（Standardized Precipitation Evapotranspiration Index, SPEI）和标准化降水指数（Standardized Precipitation Index, SPI）。其中，SSP126 指在 SSP1（低强迫情景）基础上对 RCP2.6 情景的升级（辐射强迫在 2100 年达到 $2.6\ \mathrm{W/m^2}$），SSP370 指在 SSP3（中等强迫情景）基础上新增的 RCP7.0 排放路径（辐射强迫在 2100 年达到 $7.0\ \mathrm{W/m^2}$），SSP585 指在 SSP5（高强迫情景）基础上对 RCP8.5 情景的升级（SSP585 是唯一能使辐射强迫在 2100 年达到 $8.5\ \mathrm{W/m^2}$ 的 SSP 场景）。最后，以五个模式的平均结果，反映三种不同气候变化情景下塔里木河流域干旱指数的时空分布，并利用每十年平均干旱指数绘制 2030s（2030—2039 年）、2040s（2040—2049 年）、2050s（2050—2059 年）、2060s（2060—2069 年）、2070s（2070—2079 年）、2080s（2080—2089 年）和 2090s（2090—2099 年）塔里木河流域干旱分布图。

（2）洪水淹没模拟资料

开展未来气候变化情景下塔里木河流域的洪水模拟所需的多源数据主要包括气象、水文、地形、地貌和植被等数据。选用在塔里木河流域数据精度较高的 APHRODITE 和 CMFD 气象资料，采用降水梯度和温度直减率进行偏差纠正，以降低气象数据带来的不确定性；使用 GMFD、SRTM、MCD12C1、HWSD 和 SoilGrids 提供模型运行所需的风速、地形、土地利用类型、地貌等其他基础数据；收集水文站点观测资料、第一 / 二次冰川编目数据、RGI、MODIS 和 GSW 等陆表水体数据用来率定模型参数，验证模型的适用性。最后使用 ISIMIP3b 五个气候模式数据，驱动经过参数率定并考虑了冰川物质平衡过程的水文模型，模拟未来不同气候变化情景（SSP126，SSP370 和 SSP585）下 2030s—2090s 塔里木河流域洪水演变情况。同样地，根据多模式平均的每十年洪水淹没结果，绘制 2030s、2040s、2050s、2060s、2070s、2080s 和 2090s 塔里木河流域洪水淹没分布图。

2. 方法

（1）干旱指数计算

标准化降水指数（SPI）的原理是计算出某时段内降水量的伽马（Gamma）分布后，再进行正态标准化处理，得到 SPI 值。假设某时段降水量为 x，其 Gamma 分布的概率密度函数为 $g(x)$，根据 $g(x)$ 获取累积概率分布 $G(x)$，对累积概率分布进行正态标准化，即得到 SPI 序列（图 1a）。标准化降水蒸散指数（SPEI）与标准化降水指数（SPI）所使用的计算方法较为一致，但 SPEI 指数的计算方法更为完善（图 1b）。我们采用联合国粮食及农业组织（FAO）的彭曼公式计算潜在蒸散量（PET），用降水（P）与潜在蒸散量之差（D_i）来替换 SPI 计算中的单一降水异常，对 D_i 进行正态化，并利用三参数 log-logistic 方法计算其概率分布 $F(x)$，对累积概率分布进行标准化处理得到的 SPEI，能更好地反映干旱区的干旱特征。根据 SPI 和 SPEI 的值可确定干湿状况，一般来说，正值表示湿润，负值表示干旱，干旱和湿润的强度根据 SPI 和 SPEI 绝对值的大小判断。二者差异可反映塔里木河流域蒸散量对流域干旱的影响。

（a）标准化降水指数（SPI）计算

$$g(x)=\frac{1}{\beta^{\alpha}\Gamma(\alpha)}\chi^{\alpha-1}e^{-\chi/\beta}$$

$$G(x)=\int_{0}^{x}g(x)\mathrm{d}x=\frac{1}{\beta^{\alpha}\Gamma(\alpha)}\int_{0}^{x}x^{\alpha-1}e^{-\chi/\beta}\mathrm{d}x$$

$$H(x)=q+(1-q)G(x)$$

$$Z=\mathrm{SPI}=-\left(t-\frac{c_0+c_1t+c_2t^2}{1+d_1t+d_2t^2+d_3t^3}\right) \qquad 0<H(x)\leqslant 0.5$$

$$Z=\mathrm{SPI}=+\left(t-\frac{c_0+c_1t+c_2t^2}{1+d_1t+d_2t^2+d_3t^3}\right) \qquad 0.5<H(x)\leqslant 1$$

式中，$c_0=2.515517$，$c_1=0.802853$，$c_2=1.432788$，$d_1=1.432788$，$d_2=0.001308$，$d_3=0.001308$。

（b）标准化降水蒸散指数（SPEI）计算

$$\mathrm{PET}=\frac{0.408\Delta(R_n-G)+r\dfrac{900}{T+273}U(e_s-e_a)}{\Delta+r(1+0.34U)}$$

$$D_i=P_i-PET_i$$

$$f(x)=\frac{\beta}{\alpha}\left(\frac{x-\gamma}{\alpha}\right)^{\beta-1}\left[\left(1+\left(\frac{x-\gamma}{\alpha}\right)^{\beta}\right)\right]^{-2}$$

$$F(x)=\left[1+\left(\frac{\alpha}{x-\gamma}\right)^{\beta}\right]^{-1}$$

$$\mathrm{SPEI}=W-\frac{c_0+c_1W+c_2W^2}{1+d_1W+d_2W^2+d_3W^3}$$

$$\begin{cases} W=\sqrt{-2\ln(1-F(x))}, & F(x)>0.5 \\ W=\sqrt{-2\ln(F(x))}, & F(x)\leqslant 0.5 \end{cases}$$

图 1 基于降雨和潜在蒸散量计算标准化降水指数（SPI）和标准化降水蒸散指数（SPEI）

注：计算 PET 的彭曼公式中，R_n 为净辐射（MJ·m^{-2}·d^{-1}），G 为土壤热通量（MJ·m^{-2}·d^{-1}），T 为 2 m 高处气温（℃），U 为 2 m 高处风速（m·s^{-1}），e_s 和 e_a 分别为饱和水汽压和实际水汽压（kPa），Δ 为饱和水汽压斜率，r 为湿度计常数（kPa·℃$^{-1}$）。此外，α、β 和 γ 分别为尺度、形状和位置参数，$g(x)$ 和 $f(x)$ 分别为基于降雨和降雨与潜在蒸散量之差的概率密度函数，$G(x)$ 和 $F(x)$ 为相应累积概率分布函数，将累积概率分布函数分别进行正态标准化可得 SPI 和 SPEI。

（2）水文水动力模型说明

为探究塔里木河流域洪水形成机制和演变特征，克服观测数据不足的问题，研究选用了进行产流计算的大尺度水文模型

Variable Infiltration Capacity（VIC）和进行汇流计算的水动力模型 Catchment-based Macro-scale Floodplain model（CaMa-Flood）。VIC 和 CaMa-Flood 因较好的水文过程物理描述及模拟表现，在全球范围内研究气候变化对洪水特征及洪水淹没变化的影响方面得到广泛应用。塔里木河径流主要源于具有复杂冰冻圈水文过程的高山地区，而得到广泛应用的 VIC 水文模型忽视了冰川物质平衡过程，导致在该地区使用 VIC 水文模型进行洪水模拟结果较差。因此，我们通过优化冰川物质平衡计算方法改进相关模块（图 2），增强其对冰冻圈水文过程的物理描述，提高在塔里木河流域洪水风险研究的适用性。

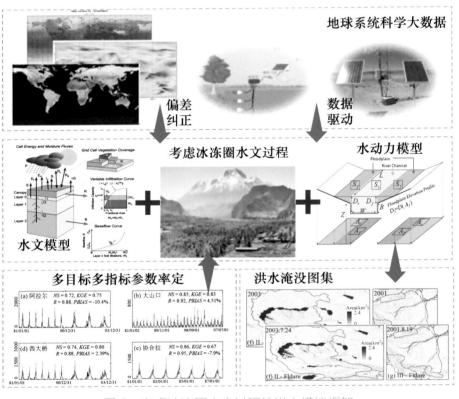

图 2　考虑冰冻圈水文过程的洪水模拟框架

CONTENTS 目 录

前　言

图集编制说明

第一部分　气候变化情景下 2030s—2090s 塔里木河流域干旱（SPEI）

三、SSP585 情景下基于 SPEI 指数的塔里木河流域干旱

第二部分　气候变化情景下 2030s—2090s 塔里木河流域干旱（SPI）

一、SSP126 情景下基于 SPI 指数的塔里木河流域干旱

气候变化情景下 2030s—2090s 塔里木河流域干旱（SPEI）

　　本部分共计 21 幅图，展示了 SSP126、SSP370 和 SSP585 情景下 2030s—2090s 基于 SPEI 指数的塔里木河流域每十年平均干旱的空间分布特征和演变规律。2030s—2090s 间，SSP126 情景下 SPEI 的变化显示塔里木河流域呈微弱变干趋势，该变干趋势在 SSP370 和 SSP585 情景下更显著，且在 SSP585 情景下变干趋势最显著。三种情景下，最湿润的十年为 2030s，SSP126 情景下，最干旱十年为 2070s，而 SSP370 和 SSP585 情景下最干旱的十年均为 2090s。全球变暖背景下，塔里木河流域所在干旱区升温显著，加剧蒸散，且蒸散增加引起的水分消耗超过降雨增加带来的水分供给，因此，考虑降雨和蒸散量的 SPEI 指数表明流域呈变干趋势。未来不同气候变化情景下基于 SPEI 指数的塔里木河流域干湿空间分布差异较大。

一、SSP126 情景下基于 SPEI 指数的塔里木河流域干旱

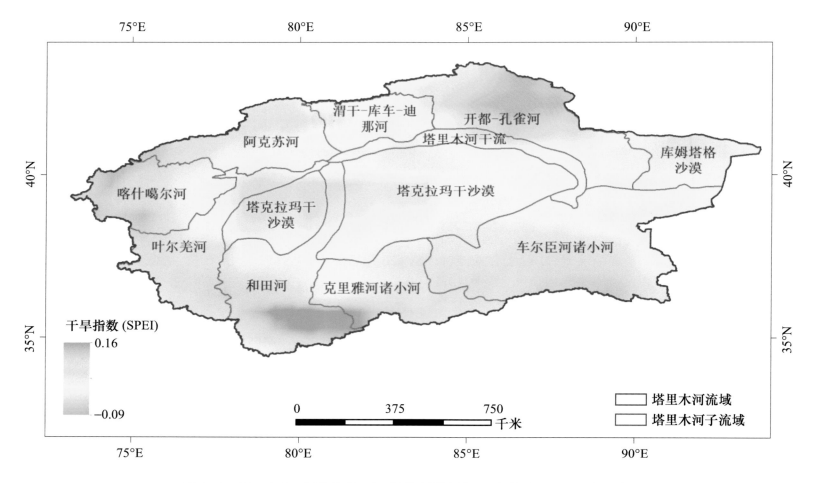

图 1-1　基于 SPEI 指数的 2030s 塔里木河流域干湿条件（SSP126 情景）

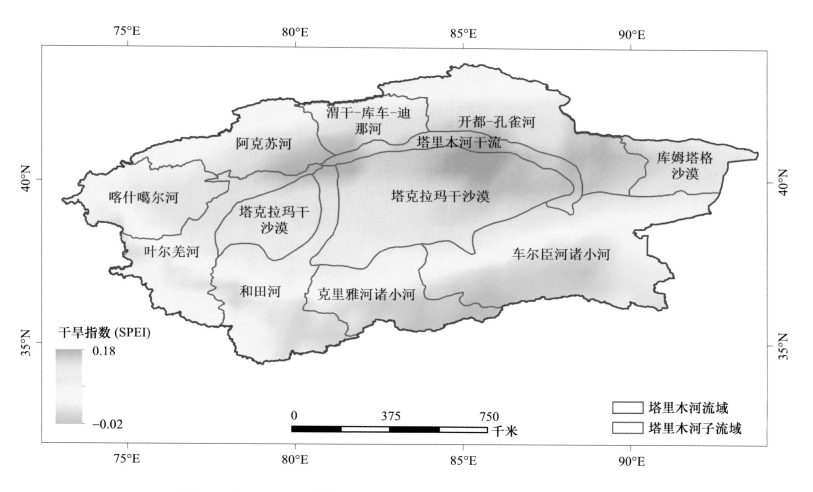

图 1-2　基于 SPEI 指数的 2040s 塔里木河流域干湿条件（SSP126 情景）

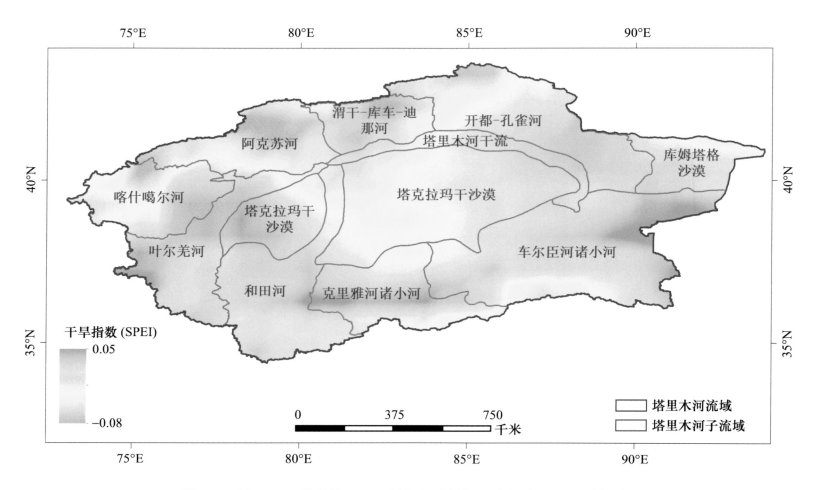

图 1-3　基于 SPEI 指数的 2050s 塔里木河流域干湿条件（SSP126 情景）

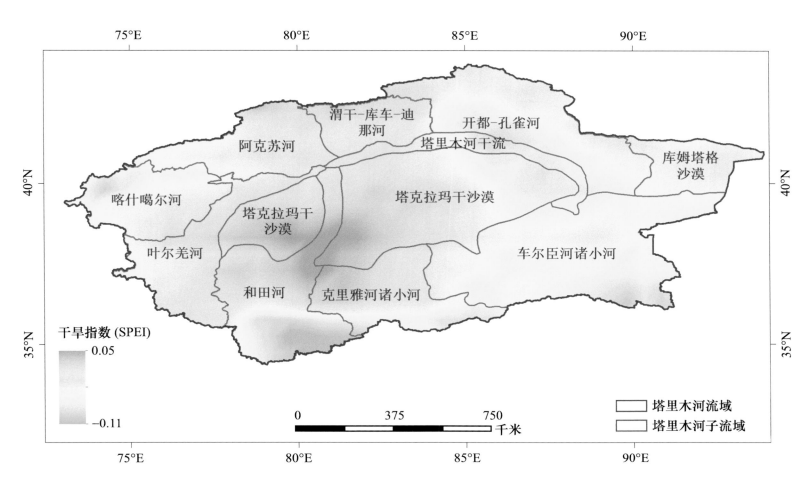

图 1-4　基于 SPEI 指数的 2060s 塔里木河流域干湿条件（SSP126 情景）

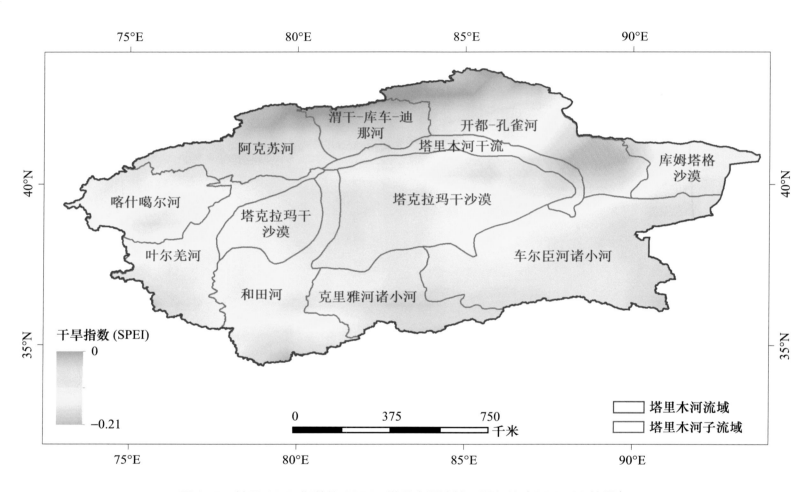

图 1-5　基于 SPEI 指数的 2070s 塔里木河流域干湿条件（SSP126 情景）

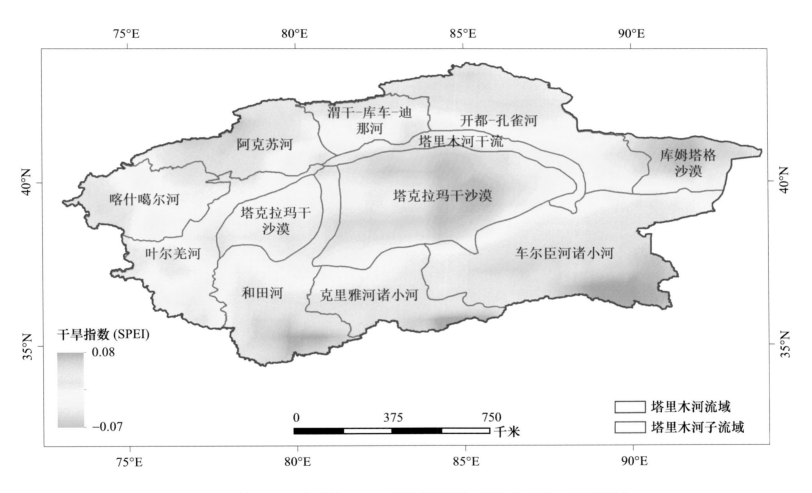

图 1-6　基于 SPEI 指数的 2080s 塔里木河流域干湿条件（SSP126 情景）

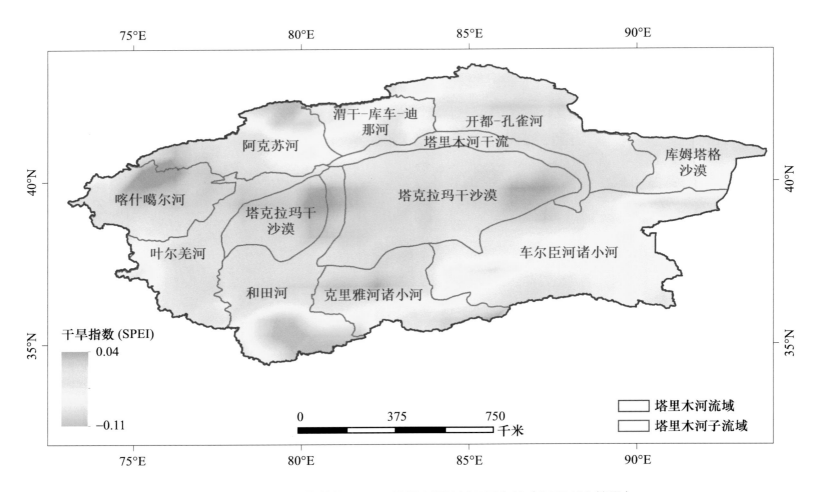

图 1-7 基于 SPEI 指数的 2090s 塔里木河流域干湿条件（SSP126 情景）

二、SSP370 情景下基于 SPEI 指数的塔里木河流域干旱

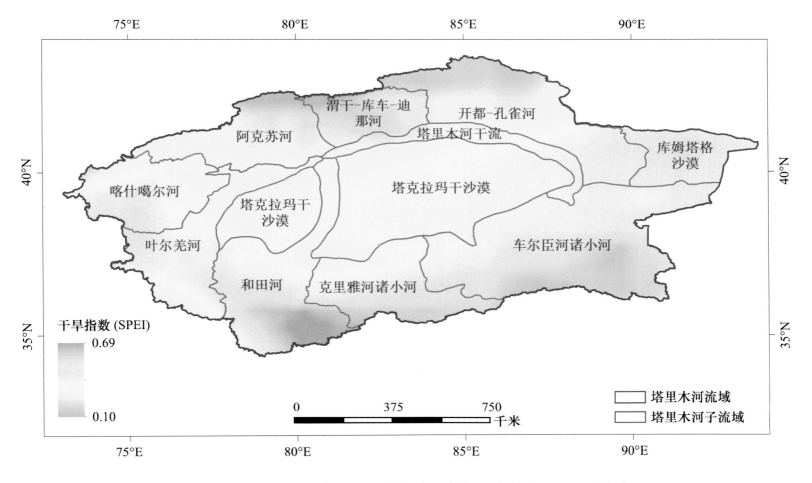

图 1-8　基于 SPEI 指数的 2030s 塔里木河流域干湿条件（SSP370 情景）

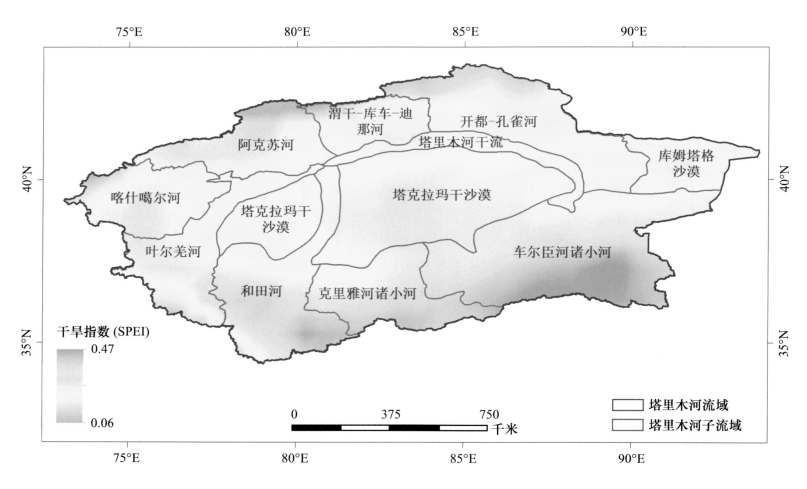

图 1-9　基于 SPEI 指数的 2040s 塔里木河流域干湿条件（SSP370 情景）

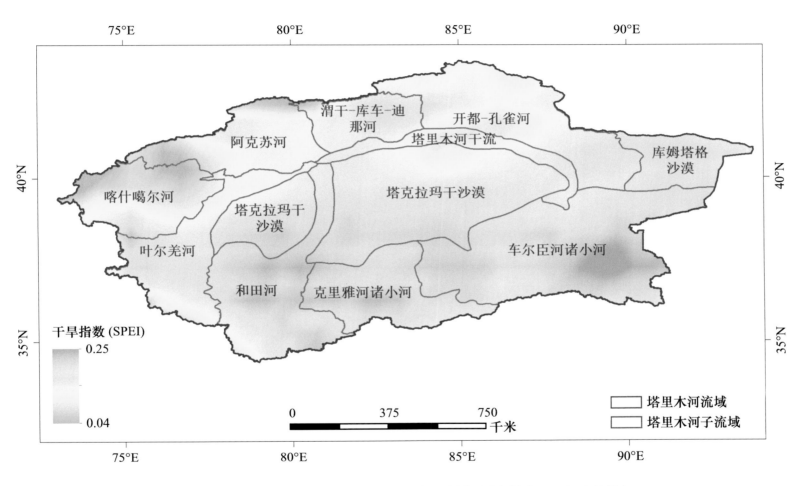

图 1-10 基于 SPEI 指数的 2050s 塔里木河流域干湿条件（SSP370 情景）

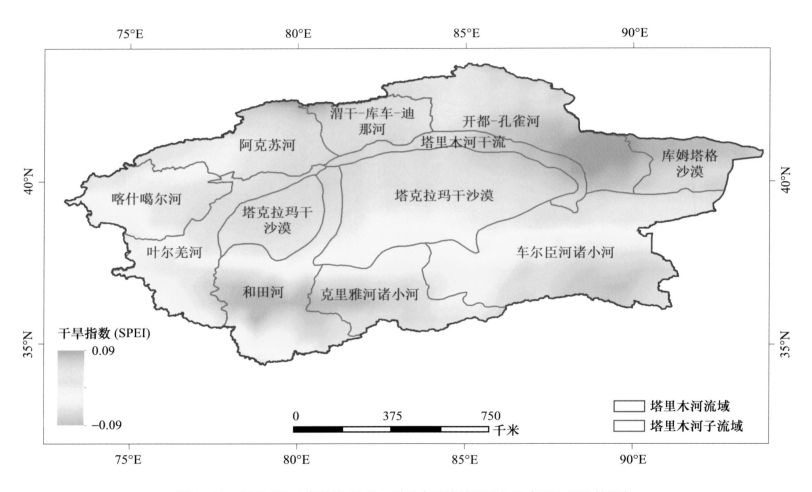

图 1-11　基于 SPEI 指数的 2060s 塔里木河流域干湿条件（SSP370 情景）

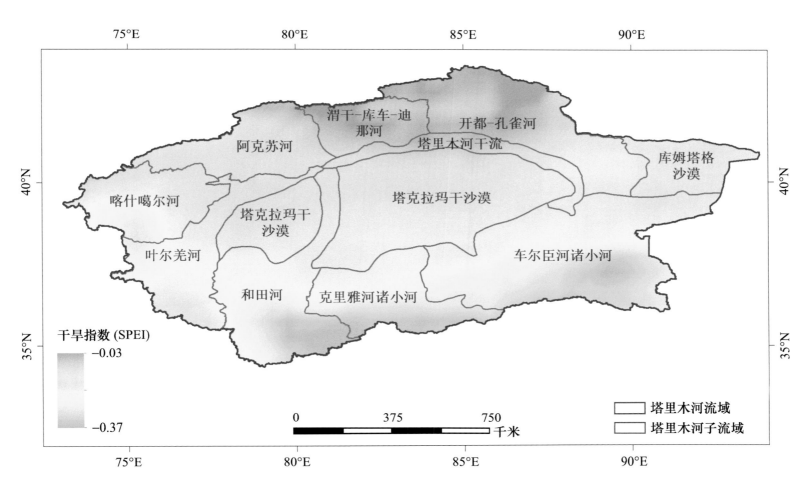

图 1-12 基于 SPEI 指数的 2070s 塔里木河流域干湿条件（SSP370 情景）

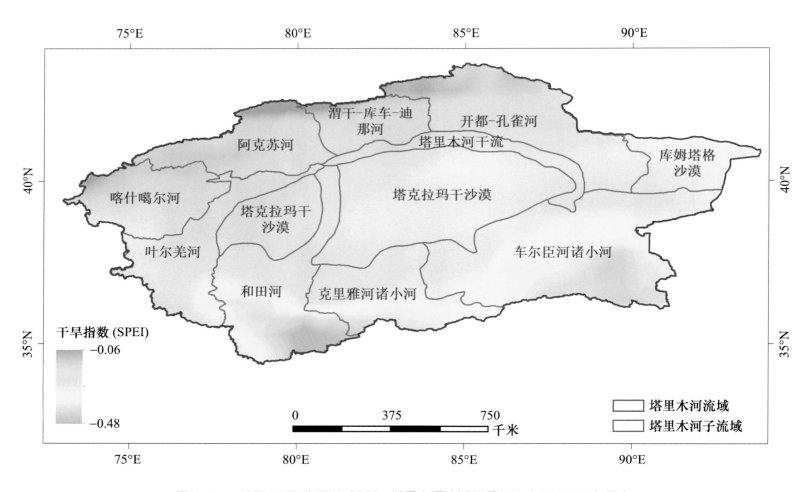

图 1-13　基于 SPEI 指数的 2080s 塔里木河流域干湿条件（SSP370 情景）

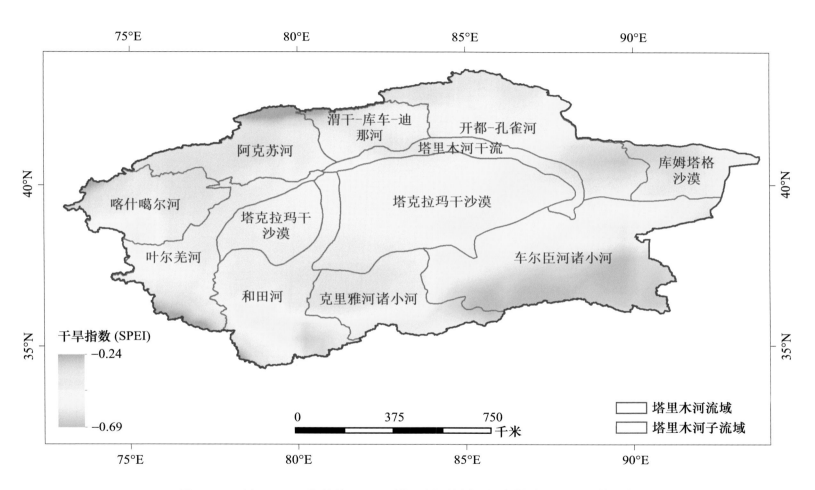

图 1-14　基于 SPEI 指数的 2090s 塔里木河流域干湿条件（SSP370 情景）

三、SSP585 情景下基于 SPEI 指数的塔里木河流域干旱

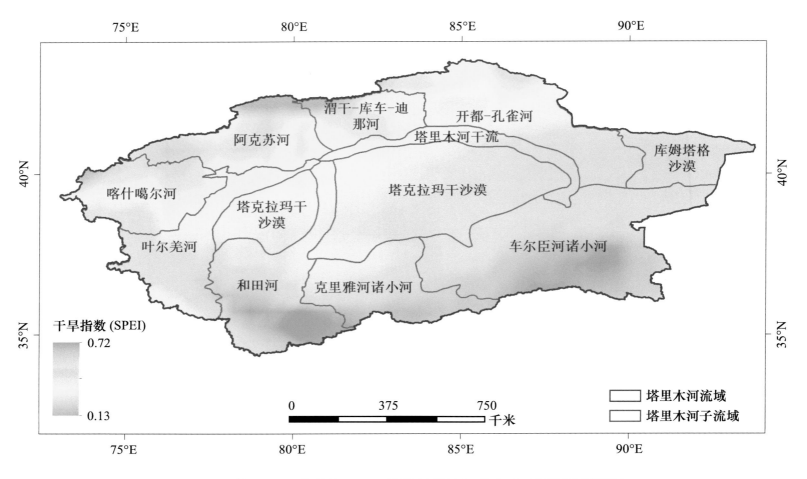

图 1-15　基于 SPEI 指数的 2030s 塔里木河流域干湿条件（SSP585 情景）

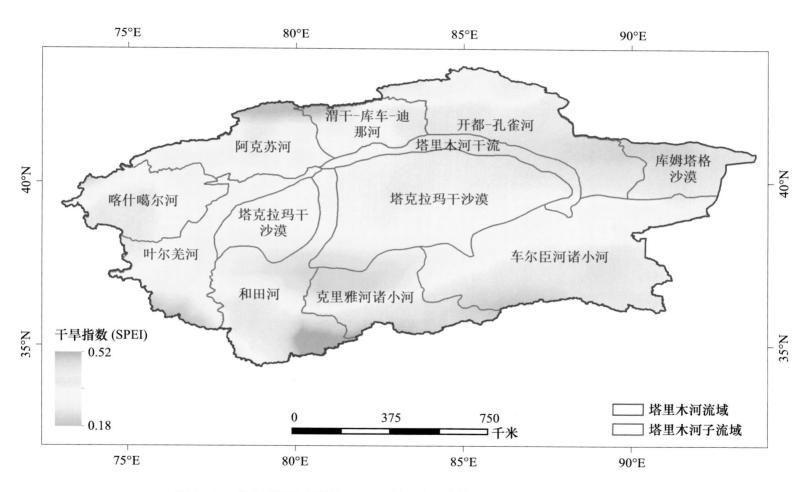

图 1-16　基于 SPEI 指数的 2040s 塔里木河流域干湿条件（SSP585 情景）

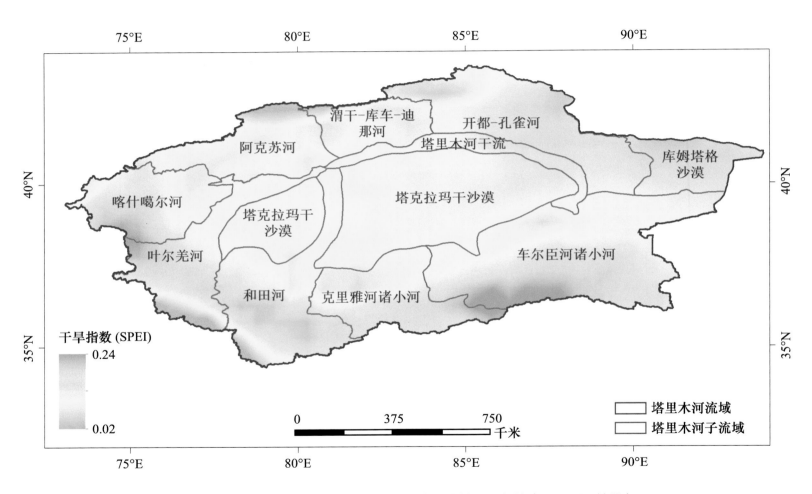

图 1-17　基于 SPEI 指数的 2050s 塔里木河流域干湿条件（SSP585 情景）

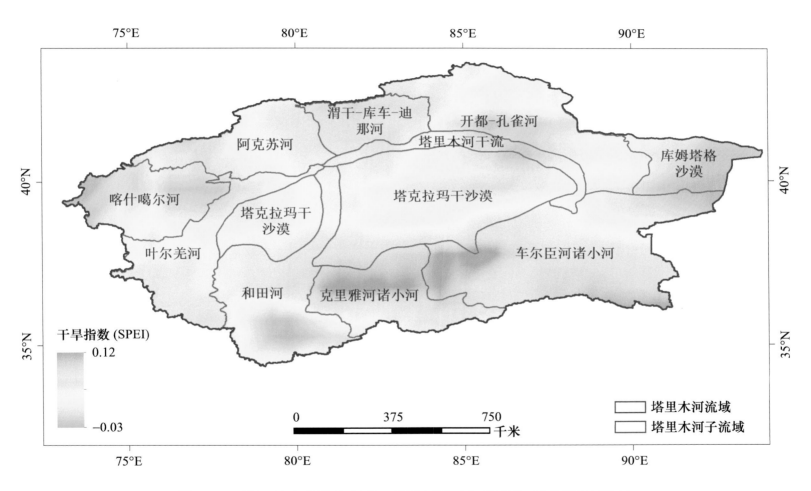

图 1-18 基于 SPEI 指数的 2060s 塔里木河流域干湿条件（SSP585 情景）

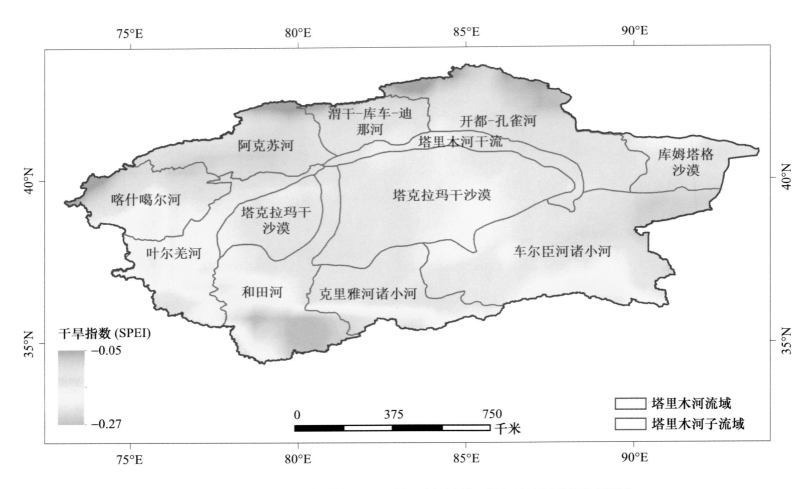

干旱指数 (SPEI)

−0.05

−0.27

塔里木河流域

塔里木河子流域

图 1-19　基于 SPEI 指数的 2070s 塔里木河流域干湿条件（SSP585 情景）

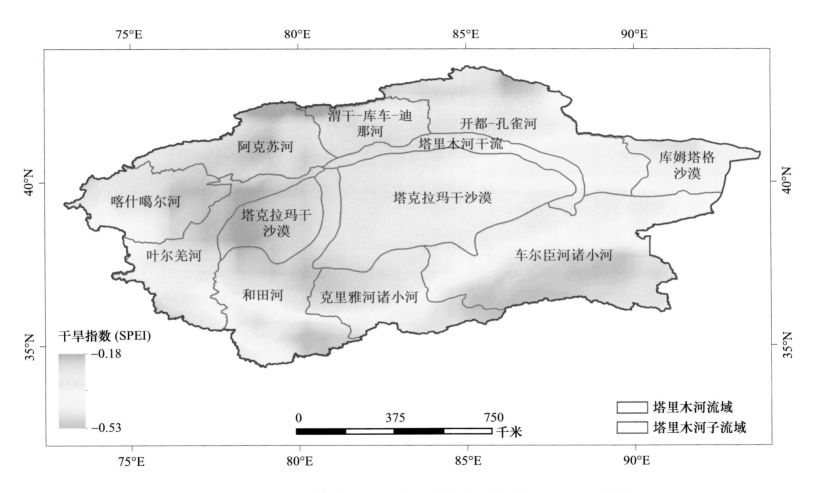

图 1-20　基于 SPEI 指数的 2080s 塔里木河流域干湿条件（SSP585 情景）

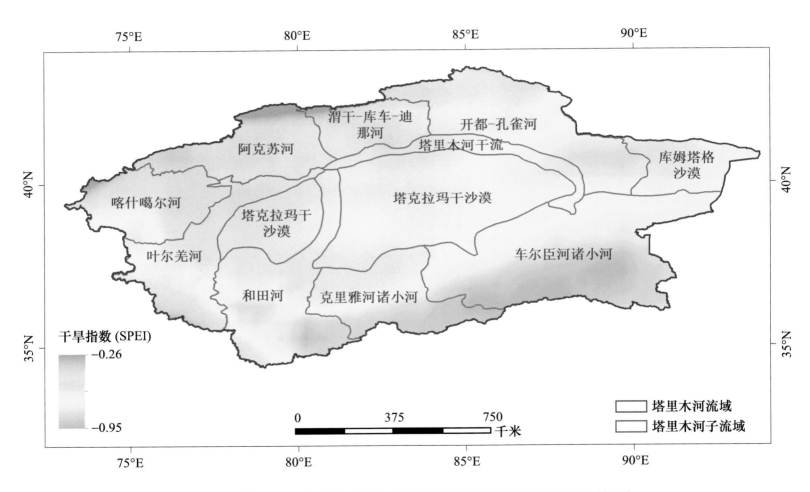

图 1-21　基于 SPEI 指数的 2090s 塔里木河流域干湿条件（SSP585 情景）

气候变化情景下 2030s—2090s 塔里木河流域干旱（SPI）

　　本部分共计 21 幅图，展示 SSP126、SSP370 和 SSP585 情景下 2030s—2090s 基于 SPI 指数的塔里木河流域每十年平均干旱的空间分布特征和演变规律。从 2030s 至 2090s，SSP126 情景下 SPI 的变化显示塔里木河流域呈不显著变湿趋势，而该变湿趋势在 SSP370 和 SSP585 情景下更显著，且在 SSP585 情景下变湿趋势最显著。SSP126 情景下，最湿润十年出现在 2080s，最干旱的十年出现在 2070s（与 SPEI 结论一致），而 SSP370 和 SSP585 情景下，最干旱的十年为 2030s，而最湿润的十年为 2090s。尽管时间上 SPI 和 SPEI 对未来气候变化情景下塔里木河流域干湿演变的预测呈相反趋势，但因考虑气象因素不同，所得结果并不矛盾。尽管未来不同气候变化情景下基于 SPI 的塔里木河流域干湿空间分布存在一定差异，但不同于 SPEI，三种不同气候变化情景下基于 SPI 的干湿分布均显示未来气候变化情景下的流域上游干旱风险加剧，不同情景间具有较高一致性。

一、SSP126 情景下基于 SPI 指数的塔里木河流域干旱

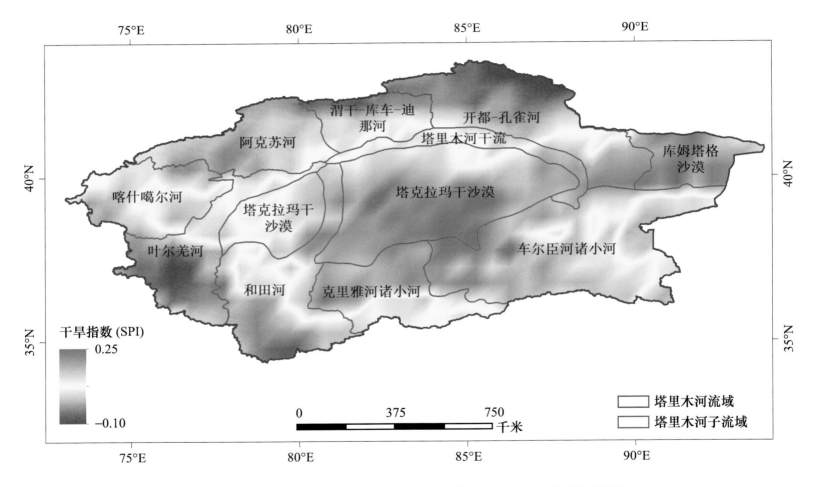

图 2-1　基于 SPI 指数的 2030s 塔里木河流域干湿条件（SSP126 情景）

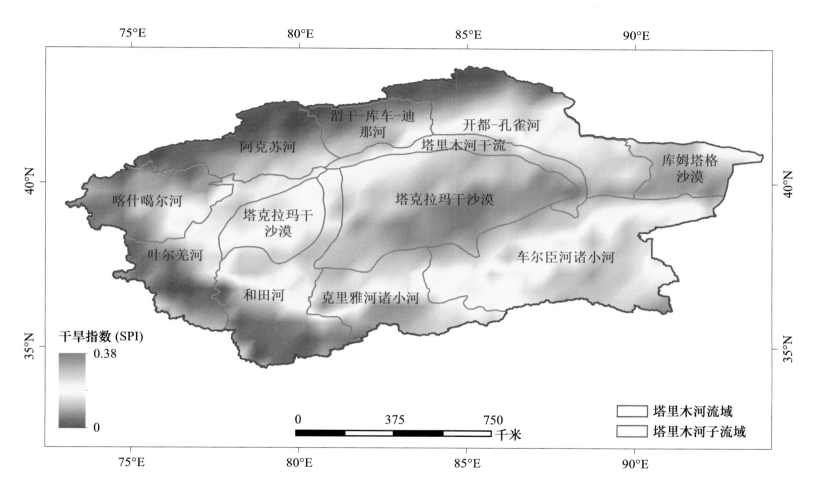

图 2-2　基于 SPI 指数的 2040s 塔里木河流域干湿条件（SSP126 情景）

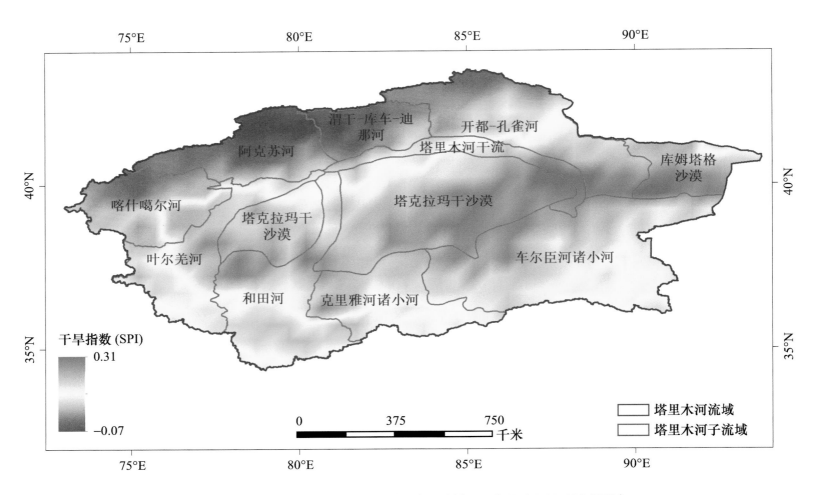

图 2-3　基于 SPI 指数的 2050s 塔里木河流域干湿条件（SSP126 情景）

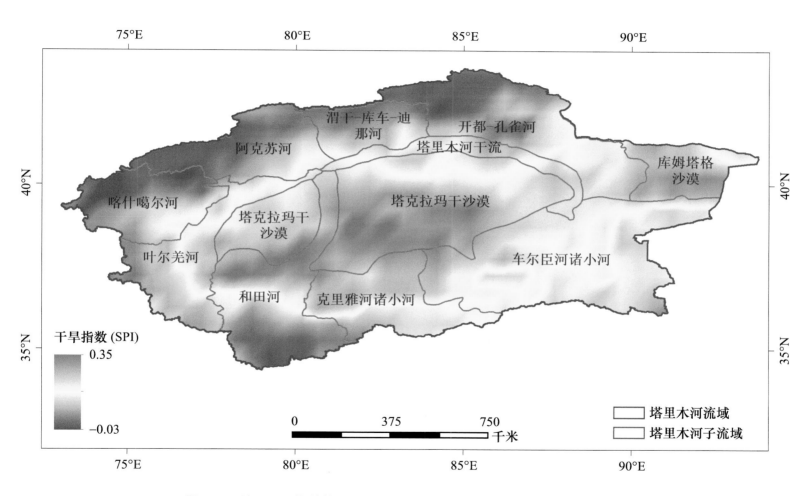

图 2-4　基于 SPI 指数的 2060s 塔里木河流域干湿条件（SSP126 情景）

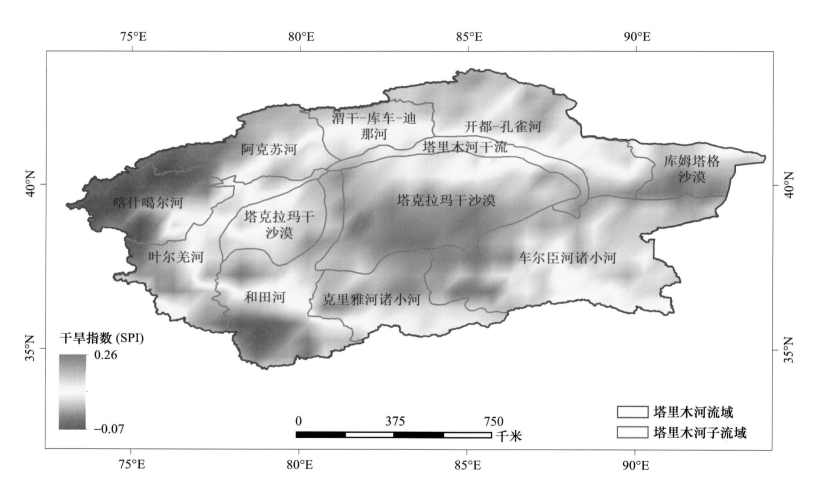

图 2-5 基于 SPI 指数的 2070s 塔里木河流域干湿条件（SSP126 情景）

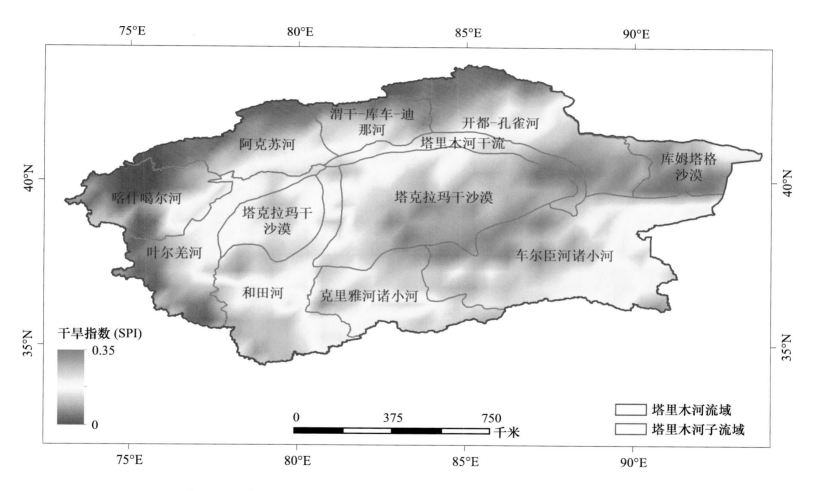

图 2-6　基于 SPI 指数的 2080s 塔里木河流域干湿条件（SSP126 情景）

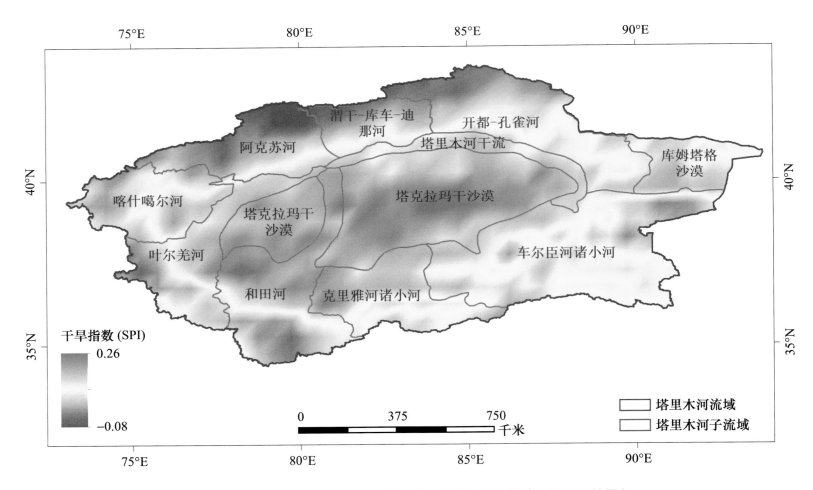

图 2-7　基于 SPI 指数的 2090s 塔里木河流域干湿条件（SSP126 情景）

二、SSP370 情景下基于 SPI 指数的塔里木河流域干旱

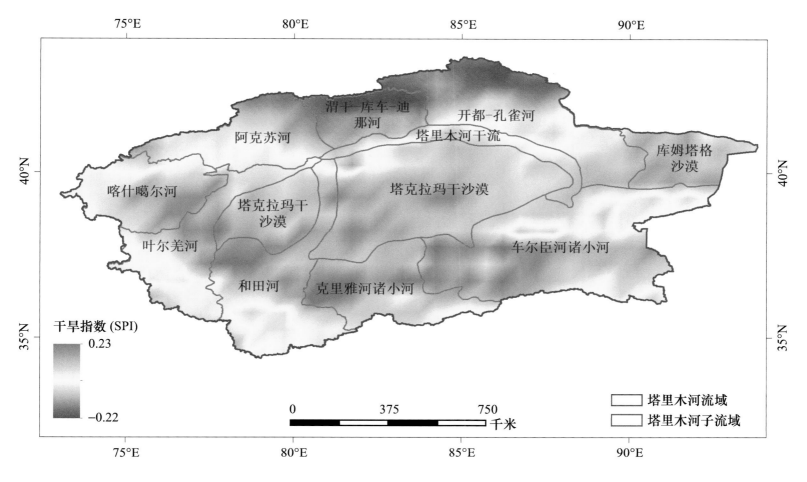

图 2-8　基于 SPI 指数的 2030s 塔里木河流域干湿条件（SSP370 情景）

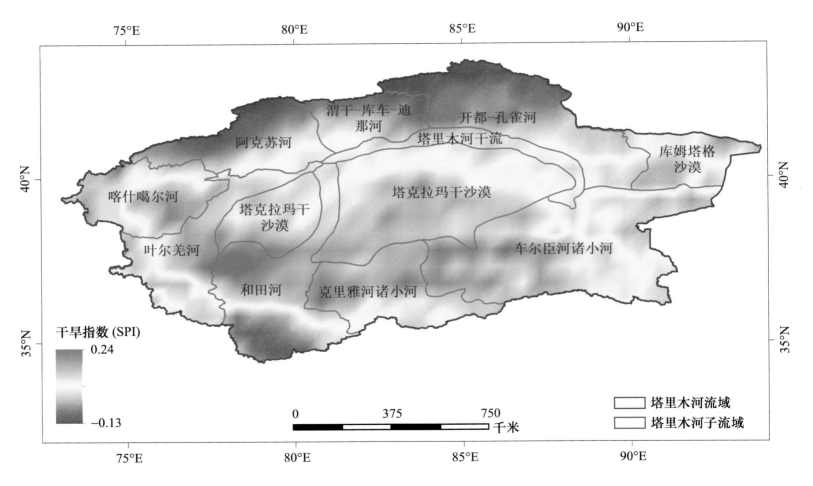

干旱指数 (SPI)
0.24
−0.13

0　　　375　　　750
千米

塔里木河流域
塔里木河子流域

图 2-9　基于 SPI 指数的 2040s 塔里木河流域干湿条件（SSP370 情景）

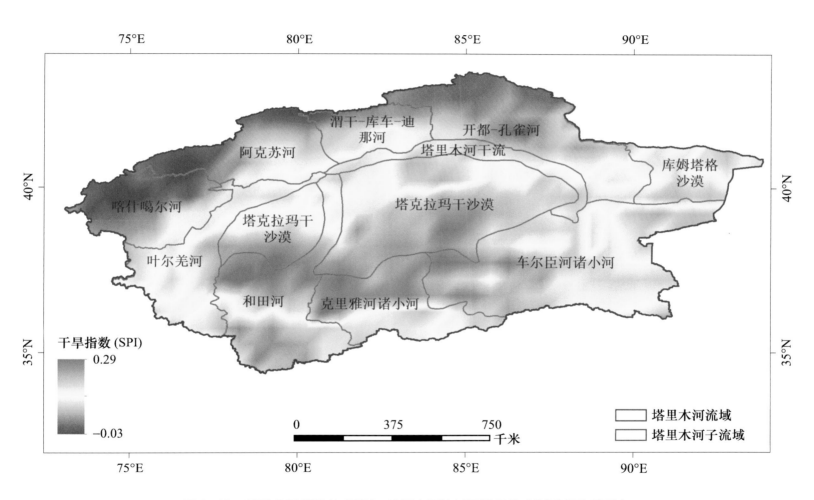

图 2-10 基于 SPI 指数的 2050s 塔里木河流域干湿条件（SSP370 情景）

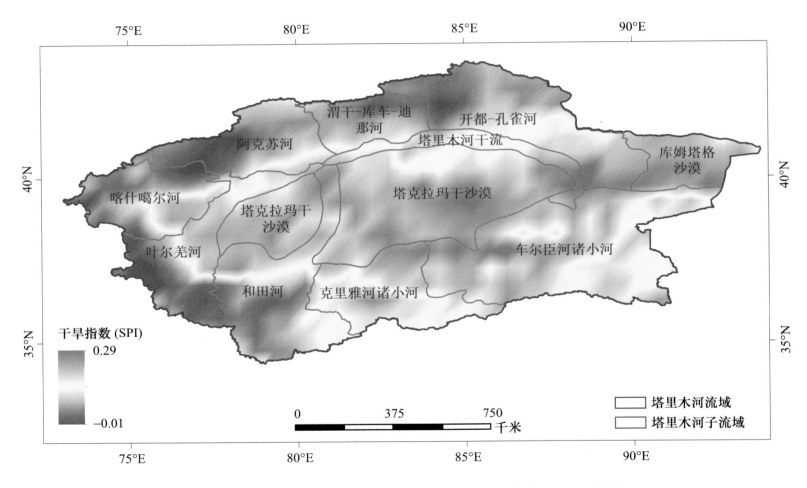

图 2-11　基于 SPI 指数的 2060s 塔里木河流域干湿条件（SSP370 情景）

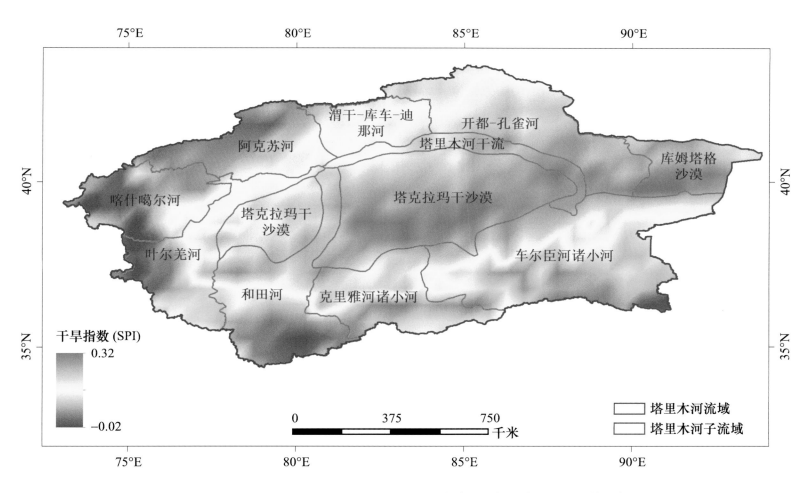

图 2-12　基于 SPI 指数的 2070s 塔里木河流域干湿条件（SSP370 情景）

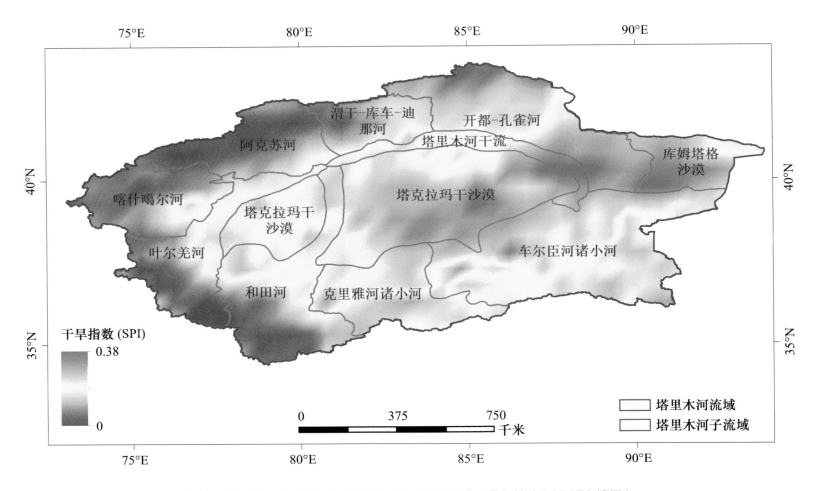

图 2-13　基于 SPI 指数的 2080s 塔里木河流域干湿条件（SSP370 情景）

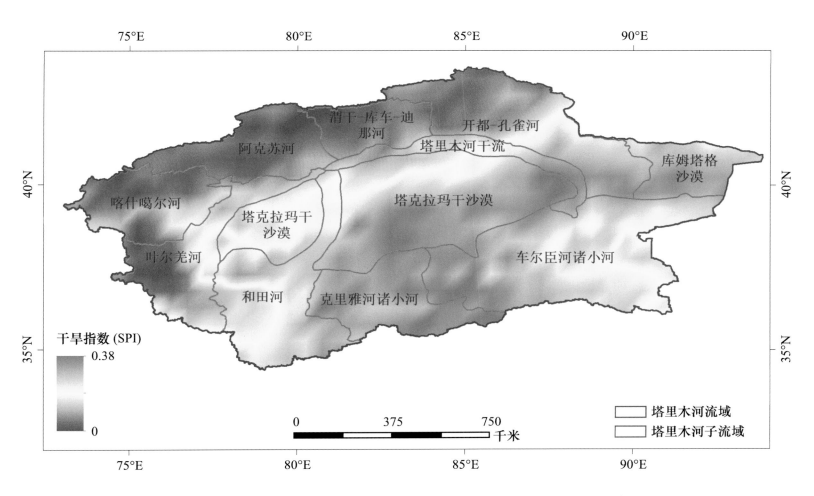

图 2-14　基于 SPI 指数的 2090s 塔里木河流域干湿条件（SSP370 情景）

三、SSP585 情景下基于 SPI 指数的塔里木河流域干旱

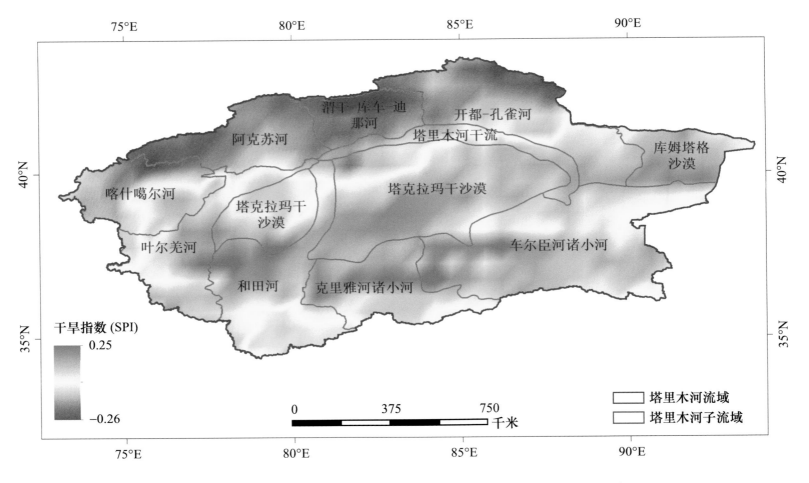

图 2-15 基于 SPI 指数的 2030s 塔里木河流域干湿条件（SSP585 情景）

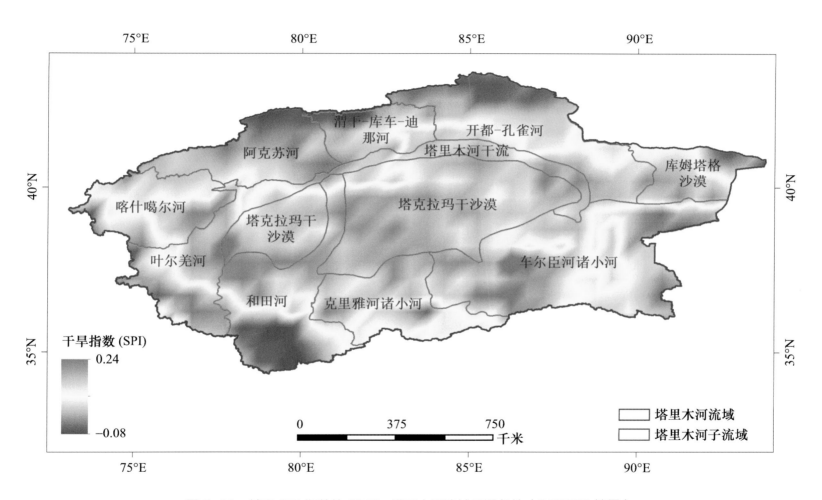

图 2-16　基于 SPI 指数的 2040s 塔里木河流域干湿条件（SSP585 情景）

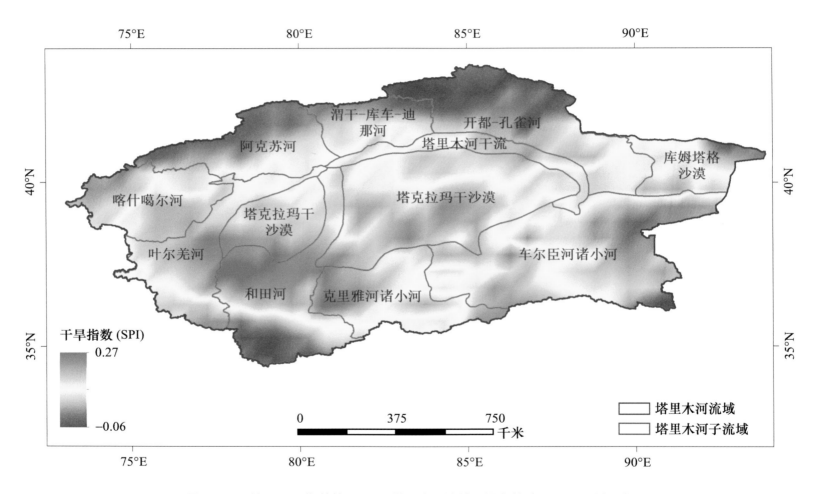

干旱指数 (SPI)

0.27

−0.06

0　　　　375　　　　750

千米

塔里木河流域

塔里木河子流域

图 2-17　基于 SPI 指数的 2050s 塔里木河流域干湿条件（SSP585 情景）

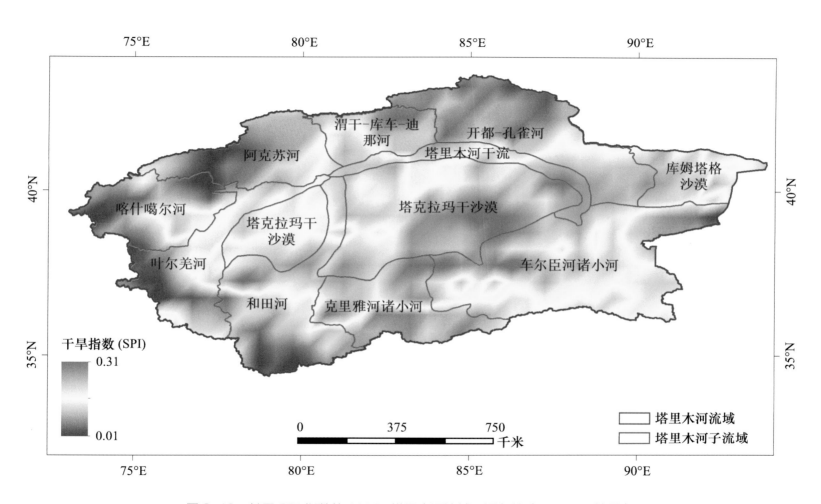

图 2-18　基于 SPI 指数的 2060s 塔里木河流域干湿条件（SSP585 情景）

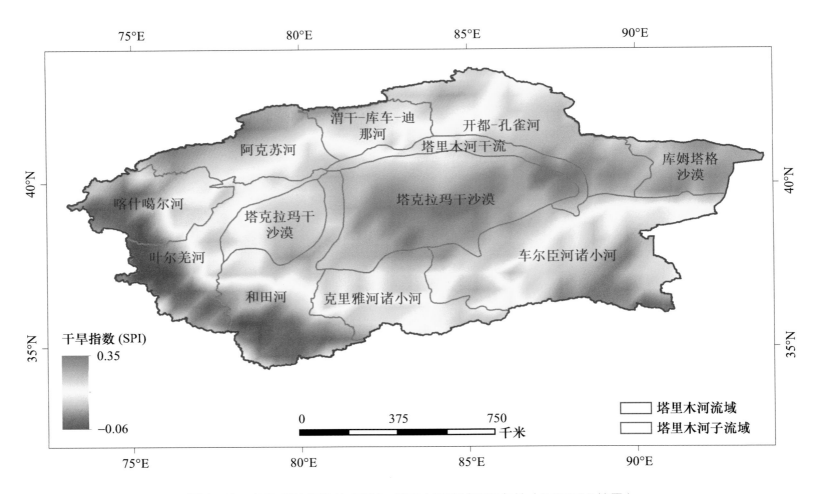

图 2-19　基于 SPI 指数的 2070s 塔里木河流域干湿条件（SSP585 情景）

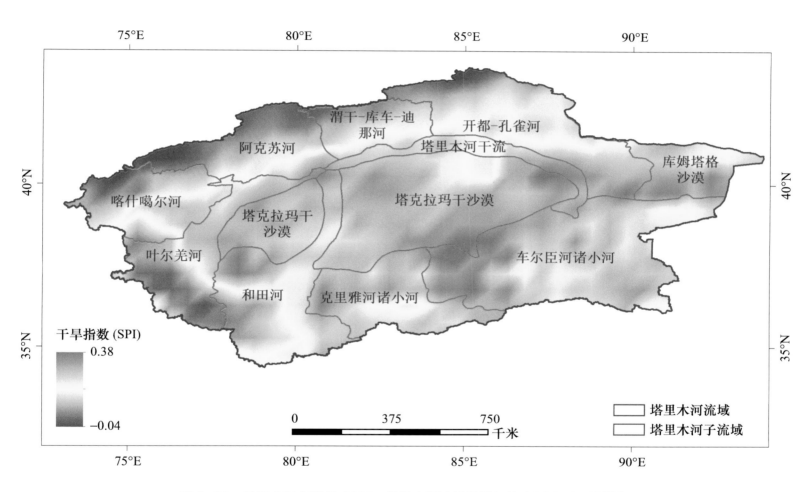

图 2-20　基于 SPI 指数的 2080s 塔里木河流域干湿条件（SSP585 情景）

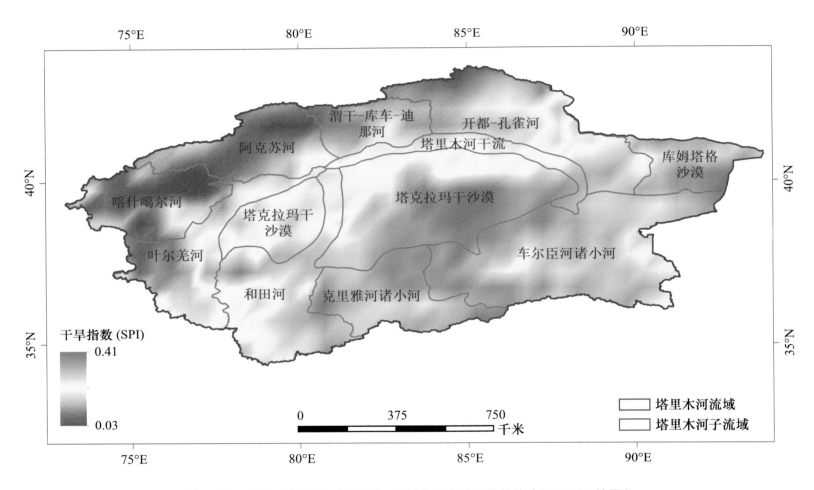

干旱指数 (SPI)
0.41
0.03

0   375   750
千米

塔里木河流域
塔里木河子流域

图 2-21　基于 SPI 指数的 2090s 塔里木河流域干湿条件（SSP585 情景）

气候变化情景下 2030s—2090s 塔里木河流域洪水淹没面积

本部分共计 21 幅图，展示 SSP126、SSP370 和 SSP585 情景下 2030s—2090s 塔里木河流域每十年平均洪水淹没面积的时空演变规律。从 2030s 至 2090s，SSP126、SSP370 和 SSP585 情景下洪水淹没面积变化显示塔里木河流域洪水影响范围在不断扩大，SSP370 和 SSP585 情景下洪水影响范围扩张更显著，呈不断上升的趋势；而在 SSP126 情景下，影响范围变化呈先上升后趋于稳定的趋势。三种情景下，未来洪水对塔里木河中下游地区的影响范围变化远超上游地区，尤其是在 SSP585 情景下，更容易造成大面积的洪水淹没。全球变暖背景下，塔里木河流域所在干旱区升温幅度加剧，较高的温升幅度加速了高山源流区的冰雪消融，叠加频发极端强降雨的影响，极易导致塔里木河流域的洪水多发，造成更严重的社会经济损失。

一、SSP126 情景下塔里木河流域洪水淹没面积

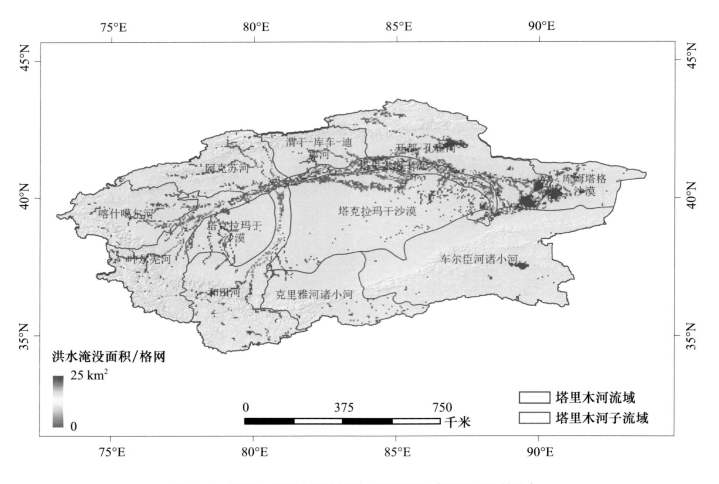

图 3-1　2030s 塔里木河流域洪水淹没面积（SSP126 情景）

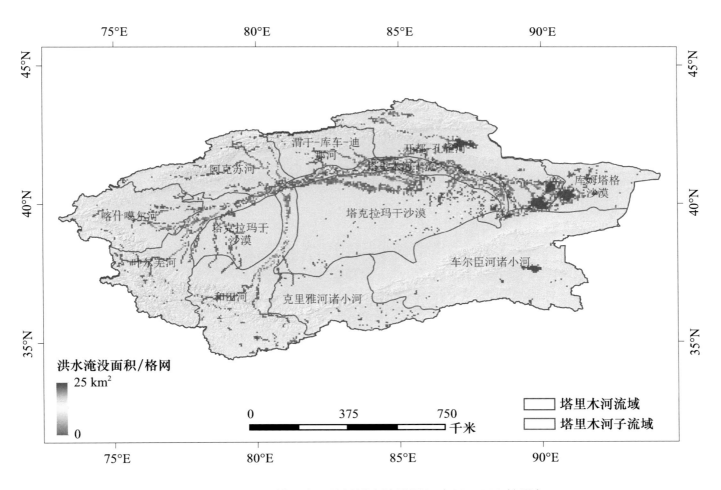

图 3-2　2040s 塔里木河流域洪水淹没面积（SSP126 情景）

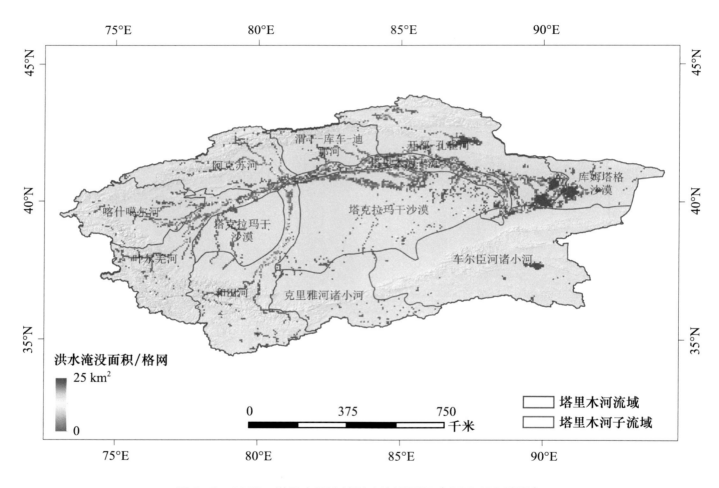

洪水淹没面积/格网

25 km²

0

0　　　　375　　　　750
千米

塔里木河流域
塔里木河子流域

图 3-3　2050s 塔里木河流域洪水淹没面积（SSP126 情景）

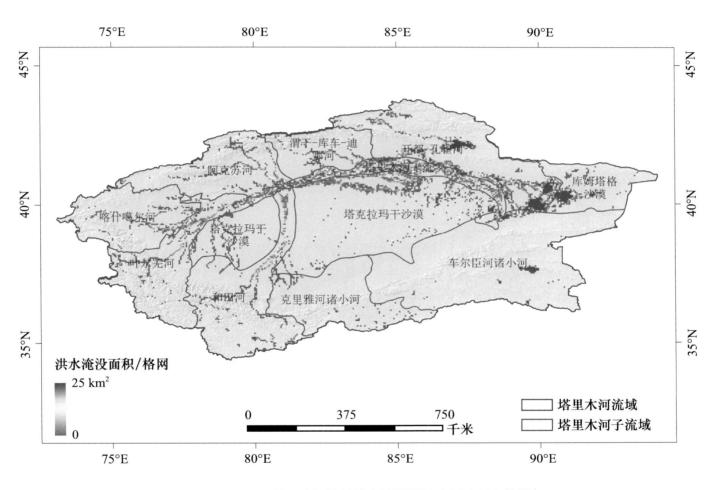

图 3-4　2060s 塔里木河流域洪水淹没面积（SSP126 情景）

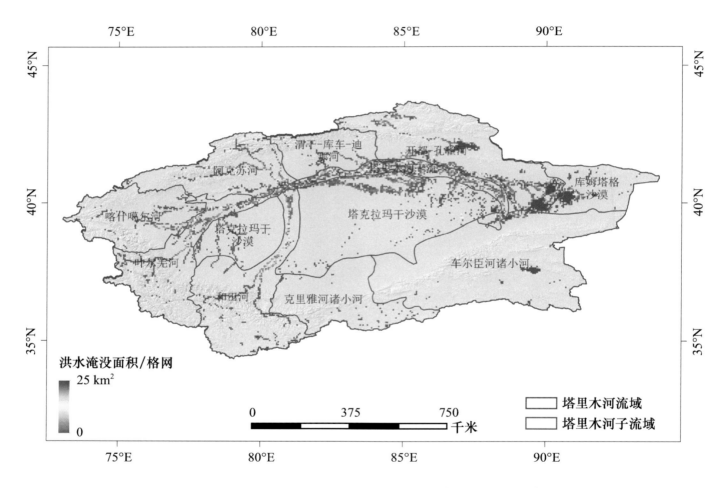

图 3-5　2070s 塔里木河流域洪水淹没面积（SSP126 情景）

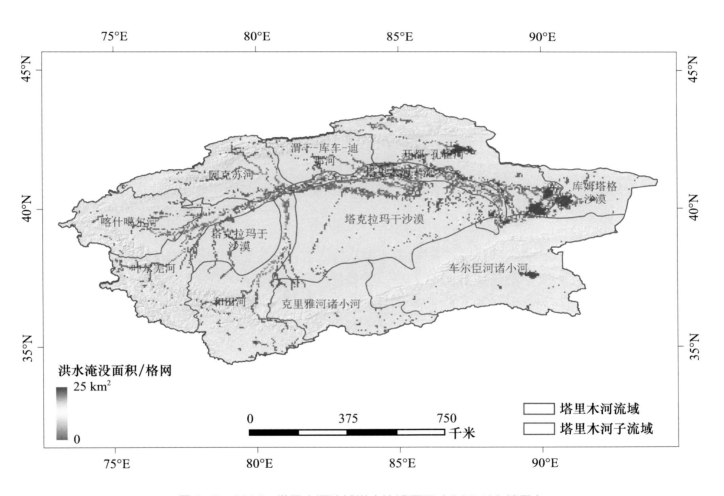

图 3-6　2080s 塔里木河流域洪水淹没面积（SSP126 情景）

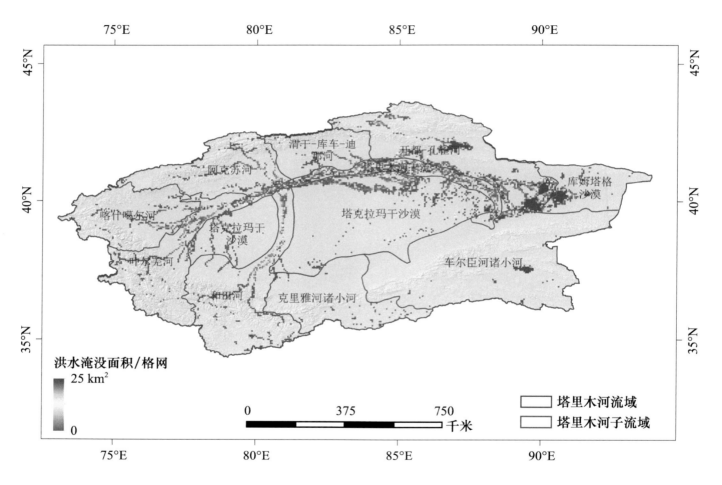

图 3-7　2090s 塔里木河流域洪水淹没面积（SSP126 情景）

二、SSP370 情景下塔里木河流域洪水淹没面积

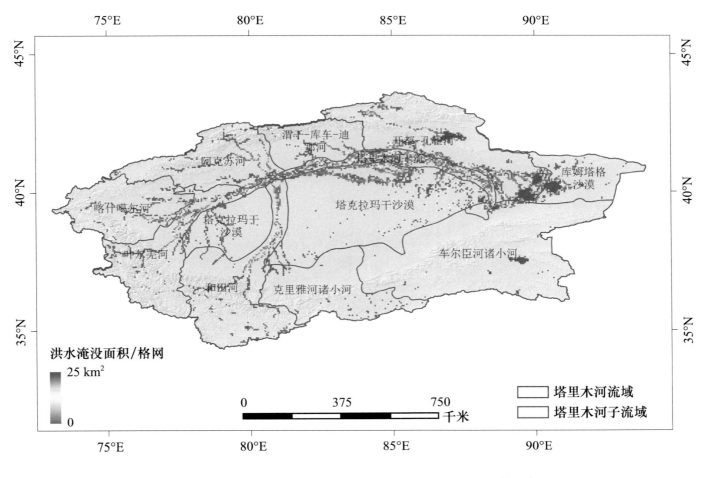

图 3-8　2030s 塔里木河流域洪水淹没面积（SSP370 情景）

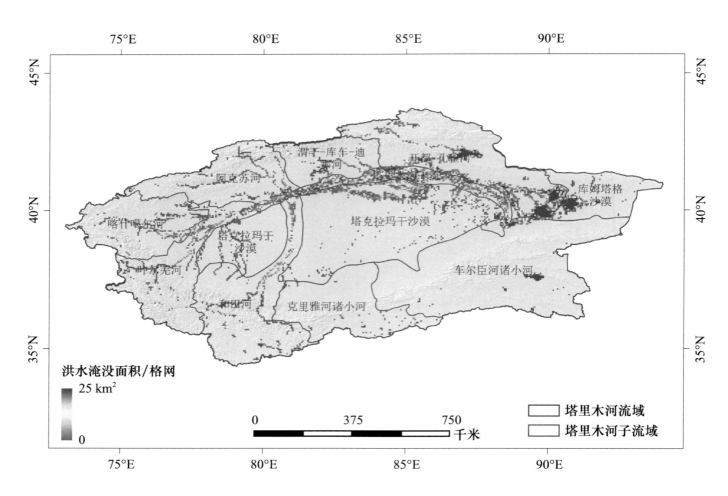

图 3-9　2040s 塔里木河流域洪水淹没面积（SSP370 情景）

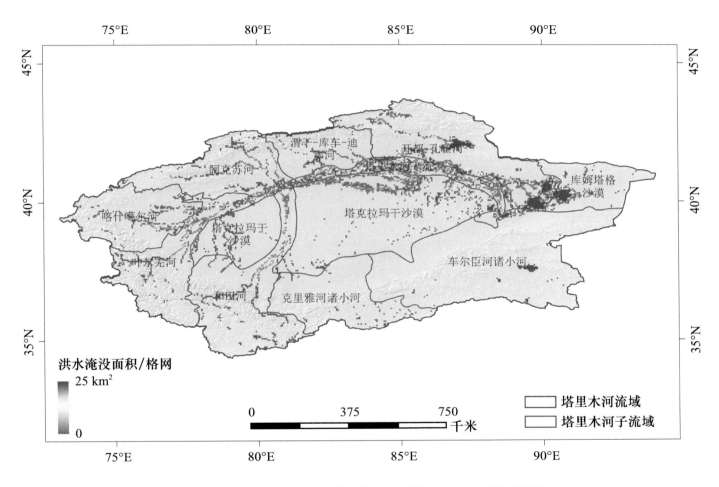

图 3-10　2050s 塔里木河流域洪水淹没面积（SSP370 情景）

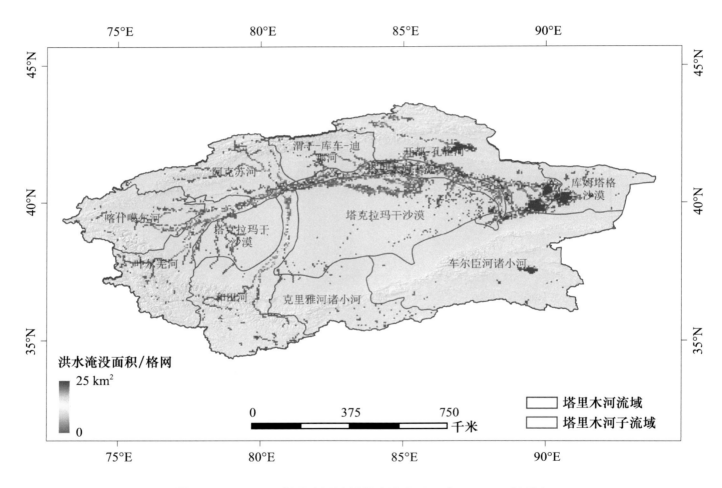

图 3-11 2060s 塔里木河流域洪水淹没面积（SSP370 情景）

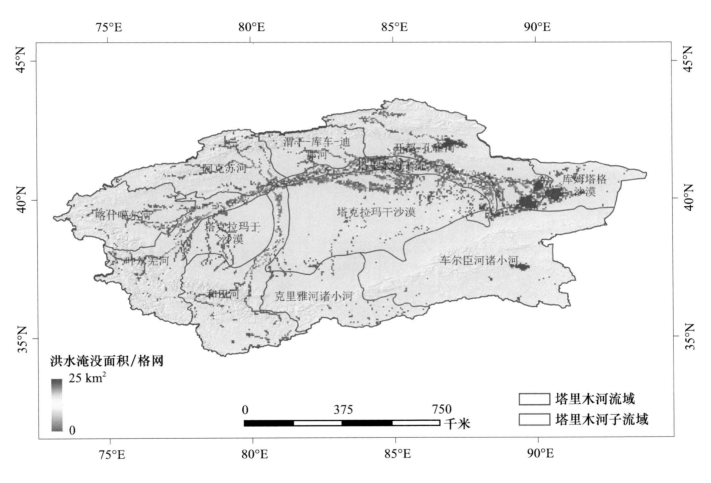

图 3-12　2070s 塔里木河流域洪水淹没面积（SSP370 情景）

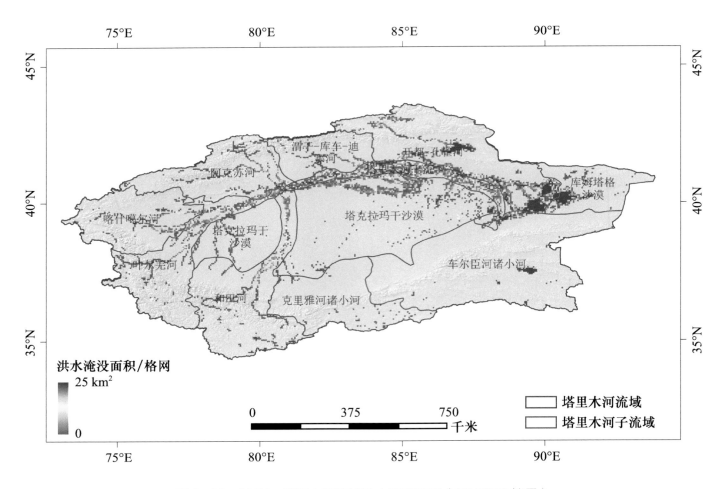

洪水淹没面积/格网

25 km²

0

0　　　375　　　750

千米

塔里木河流域

塔里木河子流域

图 3-13　2080s 塔里木河流域洪水淹没面积（SSP370 情景）

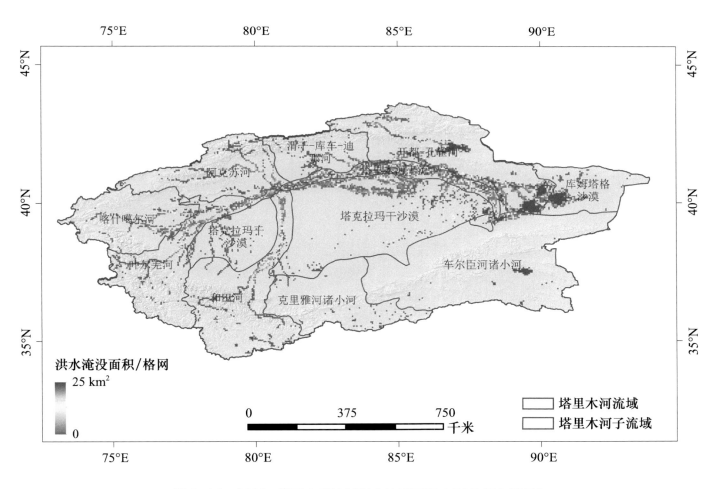

图 3-14　2090s 塔里木河流域洪水淹没面积（SSP370 情景）

三、SSP585 情景下塔里木河流域洪水淹没面积

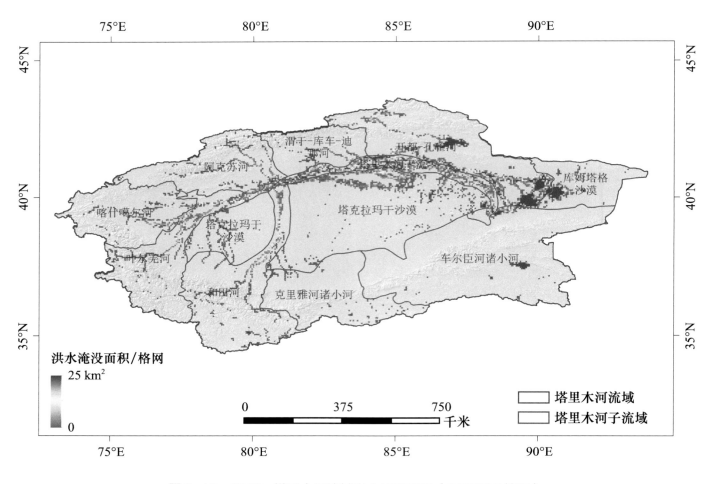

图 3-15　2030s 塔里木河流域洪水淹没面积（SSP585 情景）

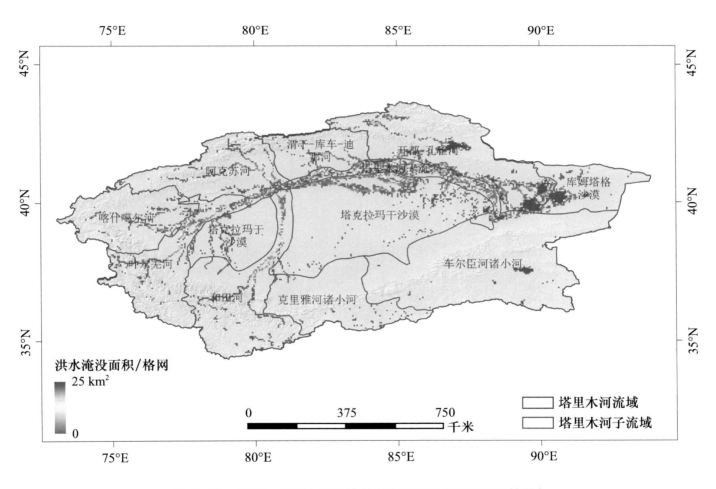

图 3-16　2040s 塔里木河流域洪水淹没面积（SSP585 情景）

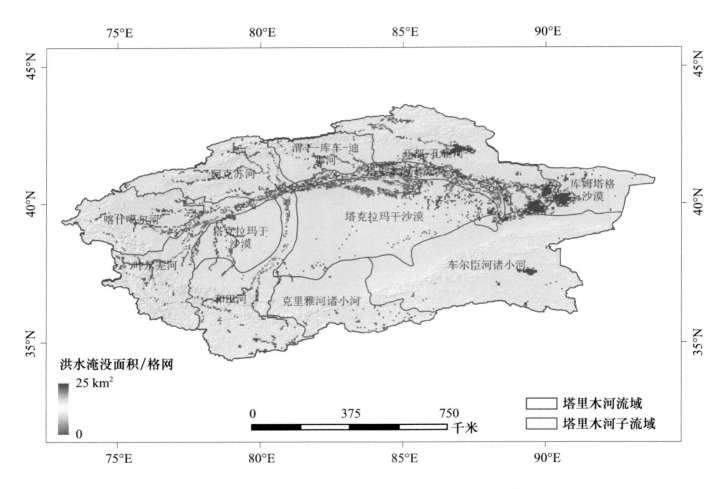

图 3-17　2050s 塔里木河流域洪水淹没面积（SSP585 情景）

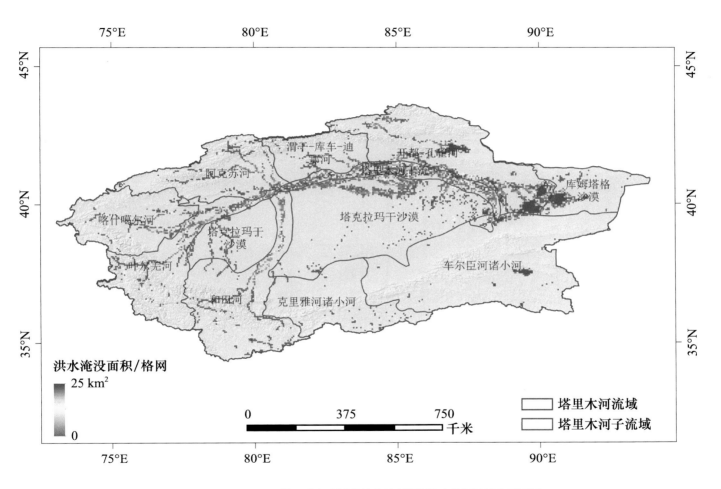

图 3-18　2060s 塔里木河流域洪水淹没面积（SSP585 情景）

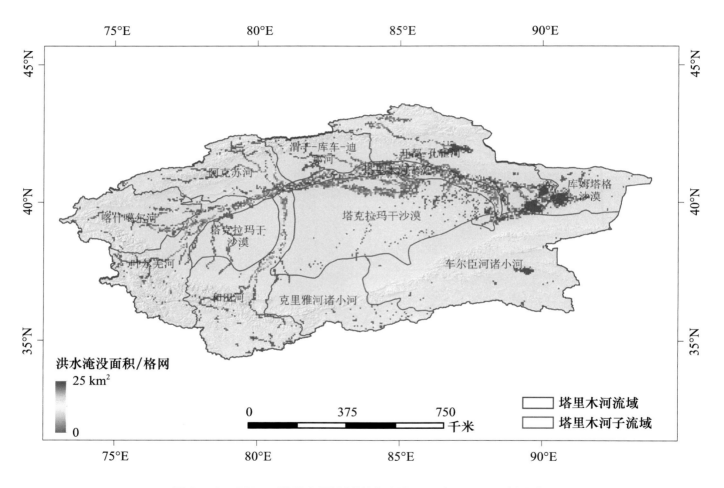

图 3-19　2070s 塔里木河流域洪水淹没面积（SSP585 情景）

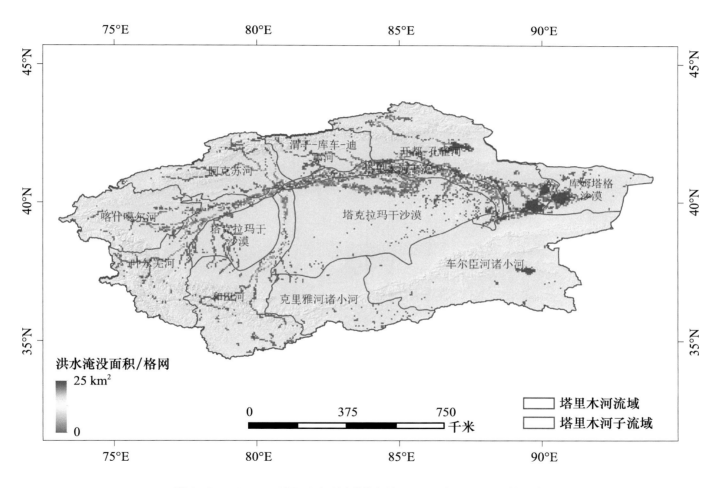

图 3-20　2080s 塔里木河流域洪水淹没面积（SSP585 情景）

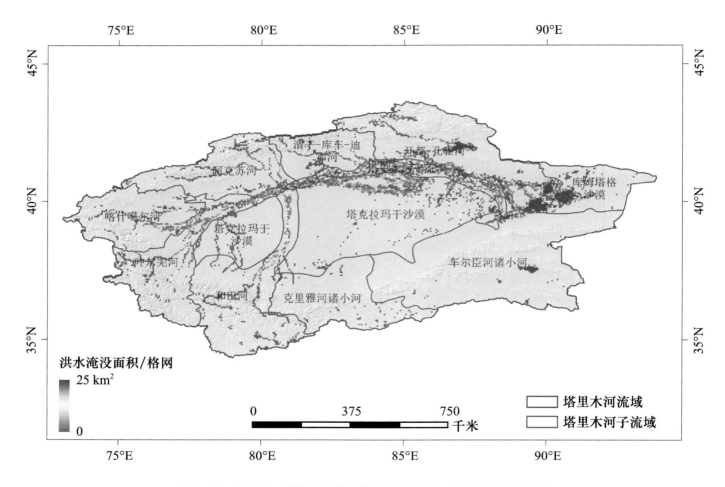

图 3-21　2090s 塔里木河流域洪水淹没面积（SSP585 情景）